TRAVAUX & MÉMOIRES

DE

L'UNIVERSITÉ DE LILLE

TOME X. — Mémoire N° 28.

G. DEMARTRES. — Sur certaines familles de Courbes Orthogonales et Isothermes.

LILLE

AU SIÈGE DE L'UNIVERSITÉ, RUE JEAN-BART

1901

EN VENTE

A LILLE, chez M. Tallandier, rue Faidherbe, 11 et 13.

A PARIS, chez MM. Alcan, 108, Boulevard St-Germain.
et Welter, 4, rue Bernard-Palissy.

TRAVAUX & MÉMOIRES

DE

L'UNIVERSITÉ DE LILLE

TOME X. — Mémoire N° 28.

G. DEMARTRES. — Sur certaines familles de Courbes Orthogonales et Isothermes.

LILLE

AU SIÈGE DE L'UNIVERSITÉ, RUE JEAN-BART

—

1901

Le Conseil de l'Université de Lille a ordonné l'impression de ce mémoire le 26 Juin 1901

L'impression a été achevée chez GAUTHIER-VILLARS, le 6 Septembre 1901.

SUR CERTAINES FAMILLES

DE

COURBES ORTHOGONALES ET ISOTHERMES

PAR

G. DEMARTRES

Doyen honoraire,

Professeur de Calcul Différentiel et Intégral à la Faculté des Sciences
de l'Université de Lille

TRAVAUX ET MÉMOIRES DE L'UNIVERSITÉ DE LILLE

Tome X. — Mémoire N° 28

LILLE

AU SIÈGE DE L'UNIVERSITÉ, RUE JEAN-BART

1901

SUR CERTAINES FAMILLES

DE

COURBES ORTHOGONALES ET ISOTHERMES.

I. Proposons-nous de chercher si, parmi les familles de courbes qui divisent une surface en carrés infiniment petits, il s'en trouve dont les courbures géodésiques soient liées, dans toute l'étendue de la surface, par une relation constante. Soit (u, v) un tel système de coordonnées isothermes; on voit immédiatement que l'élément linéaire de la surface aura, dans ce système de coordonnées, la forme suivante

$$(1) \qquad ds^2 = \frac{du^2 + dv^2}{(A\,u + B\,v + C)^2},$$

A, B, C étant trois fonctions d'un paramètre t, qui est lui-même relié aux variables u, v, par la condition

$$(2) \qquad A'\,u + B'\,v + C' = 0,$$

les accents désignant ici des dérivées. Les courbures géodésiques des lignes $u = \text{const.}$, $v = \text{const.}$, sont alors

$$(3) \qquad \frac{1}{\rho_u} = -A, \qquad \frac{1}{\rho_v} = B.$$

La courbure totale au point (u, v) se calcule aisément et l'on trouve

$$(4) \qquad -\frac{1}{R_1 R_2} = \frac{(A'^2 + B'^2)(A\,u + B\,v + C) + (A^2 + B^2)(A''\,u + B''\,v + C'')}{A''\,u + B''\,v + C''},$$

formule qu'on peut rendre, si l'on veut, homogène par rapport à u et v, en tenant compte de (2).

Il existe alors sur la surface une famille de courbes qui présentent un intérêt particulier : ce sont les lignes $t =$ const. Leur équation différentielle est

$$A' \, du + B' \, dv = 0;$$

si donc on appelle i leur inclinaison sur les lignes (v), on aura d'abord

$$(5) \qquad A' \cos i + B' \sin i = 0.$$

De plus, leur courbure géodésique est donnée par la formule

$$(6) \qquad \frac{1}{\rho_t} = \frac{AA' + BB'}{\sqrt{A'^2 + B'^2}}.$$

On en conclut que i et ρ_t sont des fonctions de t; l'un et l'autre restent donc constants le long de la ligne considérée; donc :

Les lignes $t =$ const. sont des cercles géodésiques: chacun d'eux coupe sous un angle constant les lignes coordonnées.

Pour que ces cercles géodésiques soient des lignes géodésiques il faut et il suffit que $A^2 + B^2$ soit constant, c'est-à-dire que la relation entre les courbures des lignes coordonnées soit de la forme

$$\left(\frac{1}{\rho_u}\right)^2 + \left(\frac{1}{\rho_v}\right)^2 = \frac{1}{a^2},$$

a étant une constante.

II. *Cas où la relation entre les courbures est linéaire.* — Dans le cas où la relation est linéaire, on a

$$B = mA + n,$$

m, n étant deux constantes; la condition (2) montre alors que t est une fonction de $u + mv$, en sorte que le ds^2 est de la forme

$$ds^2 = \frac{du^2 + dv^2}{[f(u + mv) + n v]^2}.$$

L'équation des cercles géodésiques (t) est alors $u + mv =$ const.;

on en conclut d'abord que l'inclinaison u de ces cercles sur les lignes coordonnées *ne varie pas quand on passe d'un cercle au suivant*. En outre, leur courbure géodésique est donnée par l'équation très simple

$$\frac{\sqrt{a^2+b^2}}{\rho_t} = \frac{a}{\rho_u} + \frac{b}{\rho_v},$$

a, b étant deux nouvelles constantes telles que $b = ma$.

Supposons que les courbures soient assujetties à conserver un rapport constant $(n = 0)$, on aura alors

$$a\mathrm{A} + b\mathrm{B} = 0,$$

t sera une fonction de $bu - av$; le ds^2 pourra s'écrire

$$ds^2 = f(bu - av)(du^2 + dv^2).$$

La surface est donc applicable sur une surface de révolution ; les lignes $u = \mathrm{const.}$, $v = \mathrm{const.}$, sont alors des loxodromies, comme on le voit immédiatement en faisant la transformation

$$\begin{aligned} bu - av &= u_1\sqrt{a^2+b^2}, \\ au + bv &= v_1\sqrt{a^2+b^2}, \end{aligned} \qquad du^2 + dv^2 = du_1^2 + dv_1^2.$$

Les lignes $v_1 = \mathrm{const.}$ sont alors les méridiens.

En résumé :

Pour qu'une surface admette deux familles de lignes isométriques dont les courbures géodésiques soient dans un rapport constant, il faut et il suffit qu'elle soit applicable sur une surface de révolution. Il y a alors une infinité de systèmes de lignes répondant à la question ; toutes ces lignes sont des loxodromies, et l'inclinaison sur les méridiens reste la même pour toutes les loxodromies d'une même famille.

Remarque. — Dans le cas actuel les lignes (t) coïncident avec les parallèles ; dans le cas plus particulier où le méridien est une tractrice, les deux courbures $\dfrac{1}{\rho_u}$, $\dfrac{1}{\rho_v}$ sont séparément constantes pour chaque système de lignes (u, v).

III. *Forme de Liouville.* — Si l'on veut que l'expression de l'élément linéaire, dans notre système de coordonnées, ait la forme de Liouville, il faut identifier les deux expressions

$$(7) \qquad (A u + B v + C)^2 = \frac{1}{U - V},$$

U étant une fonction de u, V une fonction de v. Différentions par rapport à u, puis à v, en tenant compte de la condition (2), nous aurons

$$(8) \qquad U' = - \frac{2 A}{(A u + B v + C)^3}, \qquad V' = - \frac{2 B}{(A u + B v + C)^3}.$$

Différentions, de la même manière, la première de ces équations par rapport à v, nous aurons successivement

$$A' \frac{\partial t}{\partial v} (A u + B v + C) = 3 AB, \qquad B' + (A'' u + B'' v + C'') \frac{\partial t}{\partial v} = 0,$$

et, enfin,

$$(9) \qquad (A u + B v + C) A' B' + 3 AB (A'' u + B'' v + C'') = 0.$$

Cette équation de condition est, comme l'équation (2), linéaire par rapport à u et v; ces deux équations doivent nécessairement se confondre, car si elles étaient distinctes, on pourrait, en éliminant t, obtenir une relation constante entre u et v qui sont deux variables indépendantes; si donc nous écrivons que les relations (9) et (2) sont identiques, nous aurons, pour déterminer A, B, C les deux équations

$$(10) \qquad \frac{A'C'' - C'A''}{AC'' - CA'} = \frac{B'C'' - C'B''}{BC'' - CB'} = \frac{A'B'}{3 AB}.$$

Éliminons C, nous aurons

$$\frac{A'B'' - B'A''}{AB' - BA'} = \frac{A'B'}{3 AB},$$

équation qui s'intègre deux fois et donne, en appelant m, n deux constantes,

$$(11) \qquad B^{\frac{2}{3}} = m A^{\frac{2}{3}} + n.$$

La solution s'achève sans difficulté. Nous distinguerons deux cas :

1° $n = 0$. Les courbures $\frac{1}{\rho_u}$, $\frac{1}{\rho_v}$ sont proportionnelles, la surface est applicable (§ II) sur une surface de révolution, le ds^2 est de la forme

$$(12) \qquad ds^2 = (au + bv)(du^2 + dv^2).$$

Les lignes $au + bv = $ const. sont les parallèles, $bv - au = $ const. sont les méridiens; on a, d'ailleurs,

$$\frac{1}{\rho_u} = \frac{a}{2(au + bv)^{\frac{3}{2}}}, \qquad \frac{1}{\rho_v} = -\frac{-b}{2(au + bv)^{\frac{3}{2}}}.$$

On en conclut aisément, pour la courbure géodésique du parallèle,

$$(13) \qquad \frac{1}{T} = \frac{\sqrt{a^2 + b^2}}{2(au + bv)^{\frac{3}{2}}},$$

en désignant par T la tangente au méridien, limitée à l'axe de révolution; d'autre part, l'arc du méridien s'obtient aisément, si nous faisons

$$au + bv = \alpha, \qquad bv - au = \beta, \qquad du^2 + dv^2 = \frac{d\alpha^2 + d\beta^2}{a^2 + b^2}.$$

Il vient

$$ds^2 = (au + bv)\left(\frac{d\alpha^2 + d\beta^2}{a^2 + b^2}\right) = \alpha\,\frac{d\alpha^2 + d\beta^2}{a^2 + b^2}.$$

L'arc σ du méridien est donc

$$d\sigma = \frac{1}{\sqrt{a^2 + b^2}}\,\alpha^{\frac{1}{2}}\,d\alpha,$$

ou, en intégrant,

$$(14) \qquad \sigma = \frac{2}{3}\,\frac{\alpha^{\frac{3}{2}}}{\sqrt{a^2 + b^2}} + h,$$

h étant une constante; si nous éliminons α entre les équations (13) et (14) nous aurons

$$(15) \qquad T = 3\sigma + k,$$

k étant une autre constante. C'est la relation qui définit le méridien.

2° *Solution.* — Revenons à l'équation (11); en supposant $n \neq 0$, mettons-la sous la forme

$$(11') \qquad (aA)^{\frac{2}{3}} - (bB)^{\frac{2}{3}} = 1.$$

La relation constante entre les courbures est alors

$$(16) \qquad \left(\frac{a}{\rho_u}\right)^{\frac{2}{3}} + \left(\frac{b}{\rho_v}\right)^{\frac{2}{3}} = -1.$$

Reste à trouver la forme du ds^2. On voit d'abord qu'on peut supprimer la fonction (C). En effet, cette fonction est déterminée par l'une des équations (10), linéaire et du deuxième ordre; elle admet évidemment les deux solutions $C = A$, $C = B$; ces deux solutions sont d'ailleurs linéairement indépendantes, d'après l'équation (16). Donc C est nécessairement de la forme $m\,A + n\,B$, m, n étant constants; on a alors

$$A\,u + B\,v + C = A(u + m) + B(v + n),$$

et le second membre devient homogène par le changement de coordonnées $u_1 = u + m$, $v_1 = v + n$, qu'on a toujours le droit de faire. Dans ces conditions nous aurons

$$ds^2 = \frac{du^2 + dv^2}{(A\,u + B\,v)^2}$$

avec la condition $A'\,u + B'\,v = 0$.

Ceci posé, différentions $(11')$ et remplaçons-y A' et B' par v et par $-u$; nous avons alors

$$\frac{(a\,A)^{\frac{2}{3}}}{\dfrac{a^2}{u^2}} = \frac{(b\,B)^{\frac{2}{3}}}{\dfrac{b^2}{v^2}} = \frac{b^2}{c^2} - \frac{a^2}{u^2};$$

d'où

$$A\,u + B\,v = \left(\frac{a^2}{u^2} - \frac{b^2}{v^2}\right)^{-\frac{1}{2}},$$

et, enfin,

$$(17) \qquad ds^2 = \left(\frac{b^2}{v^2} - \frac{a^2}{u^2}\right)(du^2 + dv^2).$$

En résumé :

Les seules formes de Liouville pour lesquelles les lignes coordonnées ont leurs courbures géodésiques fonctions l'une de l'autre, sont

$$(au + bv)(du^2 + dv^2), \qquad \left(\frac{b^2}{v^2} - \frac{a^2}{u^2}\right)(du^2 + du^2).$$

Remarques. — 1° Nous avons laissé de côté le cas où la condition (9), au lieu de coïncider avec la condition (2), se réduirait d'elle-même à une identité. Les fonctions A, B, C seraient alors définies par les équations

$$A'B' - 3BA'' = A'B' + 3A''B = CA'B' + 3ABC'' = 0.$$

Or, on voit immédiatement que si A n'est pas constant, comme on peut alors prendre A pour variable t, B est constant d'après la première équation; la dernière donne alors pour t une fonction linéaire, et la seconde est vérifiée d'elle-même. On a donc

$$Au + Bv + C = tu + mv + nt + p,$$

m, n, p étant des constantes. Mais l'équation (2) donnerait alors $u + n = 0$, ce qui est impossible. On n'obtient donc ici aucune solution de la question proposée et les formes écrites plus haut sont bien les seules qui y répondent.

2° Les cercles géodésiques $t = $ const. ne présentent ici aucune particularité intéressante; l'équation qui donne leur courbure géodésique est assez compliquée; c'est la suivante

$$\frac{1}{\rho_t} = \frac{b^{\frac{2}{3}}\left(\frac{1}{\rho_u}\right)^{\frac{4}{3}} + a^{\frac{2}{3}}\cdot\left(\frac{1}{\rho_v}\right)^{\frac{4}{3}}}{\sqrt{b^{\frac{4}{3}}\left(\frac{1}{\rho_u}\right)^{\frac{2}{3}} + a^{\frac{4}{3}}\left(\frac{1}{\rho_v}\right)^{\frac{2}{3}}}}.$$

En revanche, tout ce qui se rapporte aux lignes géodésiques est très simple dans le cas où le ds^2 a la forme (17). On peut, en effet, intégrer deux fois l'équation des lignes géodésiques et l'on obtient, en termes finis, l'intégrale suivante, contenant deux constantes arbitraires,

$$\sqrt{m^2a^2 - u^2} + \sqrt{v^2 - m^2b^2} = n.$$

La forme algébrique et relativement simple de cette intégrale permet de résoudre un grand nombre de questions concernant les lignes géodésiques. On peut se proposer, par exemple, de trouver l'enveloppe des géodésiques normales à une ligne $v = $ const.; on trouve ainsi, presque immédiatement, une équation du quatrième degré très simple, en u, v. Nous laisserons de côté ce genre de questions, tout à fait étrangères à celle que nous nous sommes proposée et que nous allons chercher à résoudre d'une façon complète dans le cas des surfaces à courbure totale constante.

IV. *Surfaces à courbure totale constante.* — Cherchons d'abord les systèmes de courbes (u, v) pour lesquelles il y a, entre les courbures, une relation linéaire. Nous savons que le ds^2 est alors donné par la formule du paragraphe II, savoir

$$ds^2 = \frac{du^2 + dv^2}{[\varphi(au + bv) + mv]^2}.$$

Or, si nous calculons la courbure totale, soit par la formule de Gauss, soit par notre formule (4), nous trouvons

$$\frac{1}{R_1 R_2} = (a^2 + b^2)(\varphi\varphi'' - \varphi'^2) - 2mb\varphi' - m^2 + mv\varphi''(a^2 + b^2).$$

Il est bien évident qu'une pareille identité ne peut avoir lieu pour toutes les valeurs de v et de $au + bv$ que si $m\varphi'' = 0$. Or, qu'on annule m ou φ'', on reconnaît immédiatement que dans les deux cas la surface est applicable sur une surface de révolution; la relation linéaire devra alors se réduire à la proportionnalité; de là une première solution :

On considère une surface pseudosphérique de même courbure totale que la proposée, et l'on trace sur cette surface deux familles de loxodromies orthogonales ayant toutes, pour une même famille, la même inclinaison sur les méridiens; si l'on applique alors la surface pseudosphérique sur la proposée, ces deux familles de courbes se transformeront en deux systèmes (u, v) répondant à la question ([1]).

Pour obtenir les réseaux pour lesquels la relation ne serait pas linéaire, considérons l'équation (4)

$$(4) \quad (A'^2 + B'^2)(Au + Bv + C) + \left(A^2 + B^2 + \frac{1}{R_1 R_2}\right)(A''u + B''v + C'') = 0,$$

([1]) J'appelle ici *pseudosphérique* toute surface de révolution à courbure totale constante, les mots *sphère* et *pseudosphère* étant réservés au cas où le méridien est un cercle ou une tractrice.

en y supposant $\frac{1}{R_1 R_2}$ constant. Nous pouvons d'abord chercher à rendre cette relation identique; mais on voit alors immédiatement que cela ne peut se faire qu'en supposant A et B tous deux constants; on obtient donc ainsi les systèmes formés par les loxodromies de la pseudosphère; c'est un cas particulier de ceux que nous avons obtenus plus haut.

Il faut donc écrire que la relation (4) se réduit à une identité *en vertu de l'équation* (2). On obtient ainsi les équations de conditions suivantes, dont deux seulement sont distinctes,

$$(18) \quad \frac{A'C'' - C'A''}{AC' - CA'} = \frac{B'C'' - C'B''}{BC' - CB'} = \frac{A'B'' - B'A''}{AB' - BA'} = \frac{A^2 + B^2 + \dfrac{1}{R_1 R_2}}{A'^2 + B'^2}.$$

Supposons qu'on ait trouvé un système de fonctions A, B, satisfaisant aux conditions données; l'une ou l'autre des équations (18) fournira alors C par une équation linéaire du deuxième ordre; puisque, par hypothèse, il n'y aura aucune relation linéaire entre A et B, C sera nécessairement de la forme $mA + nB$, m et n étant constants. Mais alors on verra, comme précédemment, que cette fonction C peut être supposée nulle. L'équation (2) montre alors que t est une fonction de $\frac{u}{v}$; il en est donc de même de A et de B; en d'autres termes, le dénominateur du ds^2 est le carré d'une fonction homogène et du premier degré, u et v.

Comme nous pouvons remplacer t par une fonction quelconque de ce paramètre, nous supposerons qu'on ait $u + vt = 0$. En outre, nous introduirons, au lieu de A, B, une seule fonction H(t), en posant

$$A = -H', \qquad B = H - H't.$$

Dans ces conditions, l'équation (2) sera vérifiée d'elle-même, et il suffira d'intégrer la dernière des équations (18), la seule d'ailleurs qui subsiste. Or on a

$$(19) \quad A' = -H'', \quad A'' = -H''', \quad B' = -H''t, \quad B'' = -H'''t - H'',$$

et l'équation (18) devient, après la suppression du facteur H'', qui correspondrait aux solutions déjà obtenues,

$$(20) \quad (H'^2 - HH'')(1 + t^2) + H^2 - 2HH't + \frac{1}{R_1 R_2} = 0.$$

Remarquons enfin que $\mathrm{A}u + \mathrm{B}v + \mathrm{C}$ se réduit ici à

$$-\mathrm{H}'(u + vt) + \mathrm{H}v,$$

c'est-à-dire à $\mathrm{H}v$, en sorte que le ds^2 est alors

$$(21) \qquad ds^2 = \frac{du^2 + dv^2}{\mathrm{H}^2 v^2}.$$

Pour intégrer l'équation (20) nous poserons

$$\frac{\mathrm{H}'}{\mathrm{H}} = 0, \qquad \frac{\mathrm{H}'^2 - \mathrm{H}\mathrm{H}''}{\mathrm{H}^2} = -\theta';$$

d'où, en substituant,

$$(22) \qquad \mathrm{H}^2[(1 + t^2)\theta' + 2\theta t - 1] = \frac{1}{\mathrm{R}_1 \mathrm{R}_2}.$$

Prenons les dérivées logarithmiques

$$2\theta + \frac{\theta''(1 + t^2) + 4\theta't + 2\theta}{(1 + t^2)\theta' + 2\theta t - 1} = 0,$$

ou encore

$$(1 + t^2)(2\theta\theta' + \theta'') + 4t(\theta' + \theta^2) = 0,$$

équation qui s'intègre immédiatement et donne, en appelant h une constante,

$$(23) \qquad \theta^2 + \theta' = \frac{1 + h^2}{(1 + t^2)^2}.$$

Équation de Riccati : on voit immédiatement qu'elle admet la solution

$$\theta = \frac{t + h}{1 + t^2},$$

et, si l'on fait la substitution,

$$\theta = \frac{t + h}{1 + t^2} + \frac{1}{\lambda},$$

on obtient, pour déterminer λ, l'équation linéaire

$$\lambda' = 2\lambda \frac{t + h}{1 + t^2} + 1,$$

dont l'intégrale générale est

$$(24) \qquad \lambda = n(1 + t^2)\, e^{2h\,\mathrm{arc\,tg}\,t} - \frac{1 + t^2}{2h},$$

n étant une nouvelle constante; d'où enfin la valeur de θ

$$(25) \qquad \theta = \frac{t+h}{1+t^2} + \frac{1}{1+t^2}\,\frac{2h}{pe^{2h\,\mathrm{arc\,tg}\,t}-1},$$

p étant une autre constante. Une fois θ obtenu, on en déduira H, *sans intégration,* en raison des équations (22) et (23). On trouve ainsi

$$H^2 = \frac{1+t^2}{4h^2 R_1 R_2}\left(pe^{2h\,\mathrm{arc\,tg}\,t}-1\right).$$

Nous écrirons pour plus de symétric, en appelant h, m, p, q quatre constantes quelconques,

$$(26) \qquad H = \frac{1}{m}\sqrt{1+t^2}\left(pe^{-h\,\mathrm{arc\,tg}\,t} + q\,e^{h\,\mathrm{arc\,tg}\,t}\right).$$

La question est maintenant complètement résolue. On a, en effet,

$$(27) \quad \left\{ \begin{aligned} \frac{1}{\rho_u} &= -A = H' = \frac{1}{m\sqrt{1+t^2}}\left[p(t-h)e^{-h\,\mathrm{arc\,tg}\,t} + q(t+h)e^{h\,\mathrm{arc\,tg}\,t}\right],\\[2mm] \frac{1}{\rho_v} &= B = H - H't = \frac{1}{m\sqrt{u^2+v^2}}\left[p(1+th)e^{-h\,\mathrm{arc\,tg}\,t} + q(1-th)e^{h\,\mathrm{arc\,tg}\,t}\right]. \end{aligned}\right.$$

Le ds^2 est alors, en remplaçant t par $-\dfrac{u}{v}$ et en se reportant à l'équation (25),

$$(28) \qquad ds^2 = \frac{m^2}{\left(pe^{+h\,\mathrm{arc\,tg}\,\frac{u}{v}} + qe^{-h\,\mathrm{arc\,tg}\,\frac{u}{v}}\right)^2}\,\frac{du^2+dv^2}{u^2+v^2}.$$

La vérification est immédiate; les formules (27), donnant $\dfrac{1}{\rho_u}$ et $\dfrac{1}{\rho_v}$ en fonction d'un même paramètre, montrent bien que ces deux courbures sont fonctions l'une de l'autre. On trouve d'ailleurs, en appliquant les formules générales,

$$(29) \qquad \frac{1}{R_1 R_2} = 8\,pq\,\frac{h^2}{m^2}.$$

Remarque. — L'inclinaison i des cercles géodésiques (t) sur les lignes $v = $ const. est donnée par l'équation

$$\cos i + t\sin i = 0.$$

On en conclut immédiatement, pour la courbure géodésique de ces cercles,

$$(30) \qquad \frac{\sqrt{u^2 + v^2}}{\rho_t} = \frac{u}{\rho_u} + \frac{v}{\rho_v}.$$

En résumé :

En dehors des solutions fournies par les loxodromies d'une surface pseudosphérique, la solution la plus générale sera donnée par la formule (28), *où p, q, m, h sont quatre constantes vérifiant d'une manière* quelconque *la relation* (29).

V. *Surfaces développables.* — Le cas particulier des surfaces développpables donne des résultats simples : on doit d'abord considérer les courbes correspondantes à des loxodromies orthogonales sur un cône de révolution, il est évident que ce système se transformera en *deux familles de spirales logarithmiques orthogonales et de même pôle;* la forme correspondante du ds^2 est alors

$$(31) \qquad ds^2 = a^2 e^{2(mu+nv)}(du^2 + dv^2).$$

Les courbures sont alors dans le rapport constant de m à n.

En dehors de cette première solution, on aura toutes les autres en annulant, dans la formule (29), l'une des constantes h, p, q. On trouve ainsi deux formes très différentes de ds^2, savoir :

1° $h = 0$. Si l'on fait $\dfrac{m}{p+q} = a$, on a

$$(32) \qquad ds^2 = a^2 \frac{du^2 + dv^2}{u^2 + v^2}.$$

La loi des courbures est alors

$$(33) \qquad \left(\frac{1}{\rho_u}\right)^2 + \left(\frac{1}{\rho_v}\right)^2 = \frac{1}{a^2}.$$

Quant aux cercles géodésiques, qui sont ici des cercles plans, $t = $ const., leur rayon est égal à a; il est donc le même pour tous ces cercles. Nous verrons plus loin quelle est la nature des lignes (u, v) qui forment le réseau isotherme.

$2^{\circ}\ q = 0$. Si l'on fait $\dfrac{m}{p} = a$, il vient

$$(34) \qquad ds^2 = a^2 e^{-2h \operatorname{arc\,tg} \frac{u}{v}} \left(\frac{du^2 + dv^2}{u^2 + v^2} \right).$$

Les courbures sont liées par la relation

$$(35) \qquad \left(\frac{1}{\rho_u} \right)^2 + \left(\frac{1}{\rho_v} \right)^2 = \frac{1 + h^2}{a^2}\, e^{-2h \operatorname{arc\,tg} \frac{u}{v}}.$$

Enfin la courbure des cercles $t = \mathrm{const.}$ est

$$\frac{1}{\rho_t} = - \frac{h}{a}\, e^{-h \operatorname{arc\,tg} \frac{u}{v}}.$$

En résumé :

Les ds^2 plans qui répondent à la question sont donnés par les formules (31), (32), (34). Dans le premier cas, les courbures sont proportionnelles; dans le deuxième et le troisième, elles sont liées entre elles comme les coordonnées d'un point qui décrirait un cercle ou une spirale logarithmique, ayant l'origine pour pôle.

VI. *Détermination des réseaux (u, v) dans un système donné de coordonnées.* — Lorsqu'on a obtenu, comme nous venons de le faire, une forme de ds^2 remplissant les conditions énoncées, il reste à voir comment les réseaux obtenus se rattachent à un système particulier de coordonnées, pris pour système de référence. Si, par exemple, il s'agit de surfaces applicables sur la sphère, on peut demander l'équation des lignes (u, v) par rapport aux méridiens et aux parallèles d'une sphère sur laquelle on aurait appliqué la surface. Dans le cas du plan on peut chercher l'équation du réseau qui répond à l'une des trois formes trouvées, en coordonnées cartésiennes ou en coordonnées polaires. Nous donnerons une méthode générale pour traiter cette partie de la question, et nous en ferons l'application seulement au cas des surfaces développables, pour lesquelles on arrive, comme nous le verrons, à des résultats particulièrement simples.

Désignons par (α, β) les coordonnées de référence que nous avons le droit de supposer, elles aussi, orthogonales et isothermes.

Si l'on veut identifier les deux formes du ds^2

$$f^2(du^2 + dv^2) = g^2(d\alpha^2 + d\beta^2)$$

on sait qu'il faut prendre pour $\alpha \pm i\beta$ une fonction analytique de $u \pm iv$. Supposons par exemple qu'on ait

$$\alpha + i\beta = \varphi(u + iv).$$

Si nous différentions l'équation

$$f^2 = g^2 \left(\overline{\frac{\partial \alpha}{\partial u}}^2 + \overline{\frac{\partial \beta}{\partial u}}^2 \right)$$

par rapport à u, v, et que nous tenions compte des relations nécessaires entre les parties réelle et imaginaire d'une fonction monogène, nous aurons

$$\frac{f}{g^2} \frac{\partial f}{\partial u} - \frac{f^2}{g^3} \frac{\partial g}{\partial u} = \frac{\partial \alpha}{\partial u} \frac{\partial^2 \alpha}{\partial u^2} + \frac{\partial \beta}{\partial u} \frac{\partial^2 \beta}{\partial u^2},$$

$$\frac{f}{g^2} \frac{\partial f}{\partial v} - \frac{f^2}{g^3} \frac{\partial g}{\partial v} = - \frac{\partial \alpha}{\partial u} \frac{\partial^2 \beta}{\partial u^2} + \frac{\partial \beta}{\partial u} \frac{\partial^2 \alpha}{\partial u^2};$$

d'où

$$\frac{f}{g^2} \left(\frac{\partial f}{\partial u} - i \frac{\partial f}{\partial v} \right) = \frac{f}{g^3} \left(\frac{\partial g}{\partial u} - i \frac{\partial g}{\partial v} \right) + \left(\frac{\partial \alpha}{\partial u} - i \frac{\partial \beta}{\partial u} \right) \left(\frac{\partial^2 \alpha}{\partial u^2} + i \frac{\partial^2 \beta}{\partial u^2} \right).$$

Mais on a

$$\frac{f^2}{\rho_u} = \frac{\partial f}{\partial u}, \qquad \frac{f^2}{\rho_v} = - \frac{\partial f}{\partial v}, \qquad \frac{g^2}{\rho_\alpha} = \frac{\partial g}{\partial \alpha}, \qquad \frac{g^2}{\rho_\beta} = - \frac{\partial g}{\partial \beta};$$

$$\left(\frac{\partial \alpha}{\partial u} - i \frac{\partial \beta}{\partial u} \right) \varphi' = \frac{f^2}{g^2}.$$

D'où l'on conclut

$$(36) \qquad f \left(\frac{1}{\rho_u} + \frac{i}{\rho_v} \right) = \frac{\varphi''}{\varphi'} + \varphi' g \left(\frac{1}{\rho_\alpha} + \frac{i}{\rho_\beta} \right).$$

Si l'on avait, au contraire,

$$\alpha + i\beta = \psi(u - iv),$$

on aurait

$$(36') \qquad f \left(\frac{1}{\rho_u} - \frac{i}{\rho_v} \right) = \frac{\psi''}{\psi'} + \psi' g \left(\frac{1}{\rho_\alpha} + \frac{i}{\rho_\beta} \right).$$

Si, enfin,

$$\alpha - i\beta = \varpi(u - iv),$$

il faudra se servir de la formule

$$(36'') \qquad f\left(\frac{1}{\rho_u} - \frac{i}{\rho_v}\right) = \frac{\varpi''}{\varpi'} + \varpi' g\left(\frac{1}{\rho_\alpha} - \frac{i}{\rho_\beta}\right).$$

Voici maintenant comment il conviendra d'employer les formules (36). Ayant déterminé la forme du ds^2 en coordonnées u, v, on choisira le plus simplement possible le système de référence α, β; on substituera alors dans le premier membre les valeurs de f, $\frac{1}{\rho_u}$, $\frac{1}{\rho_v}$ en fonction de u, v; dans le second membre, les valeurs de g, $\frac{1}{\rho_\alpha}$, $\frac{1}{\rho_\beta}$ en fonction de α, β. L'une des équations (36) deviendra alors une équation différentielle déterminant la fonction φ, ou ψ, ou ϖ. On intégrera cette équation, et, connaissant alors la relation entre $\alpha \pm i\beta$, $u \pm iv$, il suffira d'égaler les parties réelles et les termes purement imaginaires pour avoir les équations cherchées.

Prenons comme exemple le ds^2 plan donné par la formule (32)

$$ds^2 = a^2 \frac{du^2 + dv^2}{u^2 + v^2}.$$

On a ici, en posant $u + iv = \zeta$,

$$f\left(\frac{1}{\rho_u} - \frac{i}{\rho_v}\right) = \frac{vi - u}{u^2 + v^2} = -\zeta^{-1}.$$

Si nous prenons, pour coordonnées α, β, des coordonnées cartésiennes x, y, la formule (36) donne

$$\frac{\varphi''}{\varphi'} + \zeta^{-1} = 0, \qquad \varphi'\zeta = (m + ni);$$

d'où, en intégrant une seconde fois et remplaçant φ par $x + iy$,

$$u + iv = (p + qi)\, e^{\frac{x + iy}{m + ni}}.$$

On voit aisément que les équations des lignes coordonnées sont alors

$$e^{\frac{x}{k}} \cos\frac{y}{k} = \text{const.}, \qquad e^{\frac{x}{k}} \sin\frac{y}{k} = \text{const.}$$

Comme second exemple, prenons le ds^2 de la formule (34)

$$ds^2 = a^2 \frac{du^2 + dv^2}{u^2 + v^2}\, e^{-2k\,\operatorname{arc\,tg}\frac{u}{v}}.$$

On trouve ici

$$f\left(\frac{1}{\rho_u} + \frac{i}{\rho_v}\right) = \frac{v + ui}{u^2 + v^2}\,(i - h) = (i - h)\,\frac{1}{v - ui} = -\,\frac{1 + hi}{\zeta}.$$

Il faudra donc appliquer ici la formule (36) en regardant $\alpha + i\beta$ comme une fonction de $u + iv$; on obtient ainsi

$$\frac{1}{\varphi}\varphi'' + \frac{1 + hi}{\zeta} = 0.$$

D'où, en intégrant deux fois et appelant p, q, r des constantes,

$$x + iy = (p + qi)\,\zeta^{-hi} + r = (p + qi)\,(u + iv)^{-hi}.$$

On peut encore écrire

$$u + iv = (m + ni)\,(x + iy)^{hi}.$$

Les valeurs de u et v en fonction de x, y s'en déduisent immédiatement, mais sont assez compliquées. Le réseau considéré est d'ailleurs déterminé d'une façon très précise par la condition d'être orthogonal, isotherme et par l'équation si simple à laquelle satisfont les deux courbures géodésiques.

www.ingramcontent.com/pod-product-compliance
Lightning Source LLC
LaVergne TN
LVHW011019180726
843502LV00007B/2632